HENRI SAGNIER

# LA PRODUCTION AGRICOLE EN ITALIE

PARIS
ANDRÉ SAGNIER, ÉDITEUR
31, RUE BONAPARTE, 31

1878

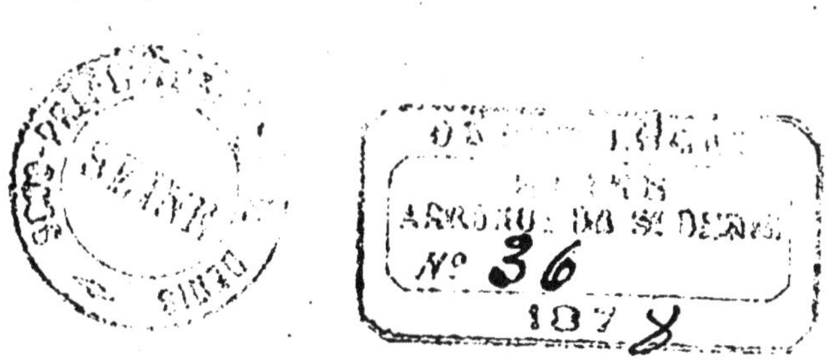

# ÉTUDE

SUR LA

# PRODUCTION AGRICOLE

# EN ITALIE

DU MÊME AUTEUR :

*Étude sur la statistique agricole du Portugal.*

*Etude sur la statistique agricole des Pays-Bas.*

Ces deux ouvrages, couronnés par la SOCIÉTÉ CENTRALE D'AGRICULTURE DE FRANCE, ont été publiés dans la collection des Mémoires de la Société, années 1874 et 1876 (Bouchard-Huzard, éditeur.)

SAINT-DENIS. — IMPRIMERIE J. BROCHIN.

HENRI SAGNIER

# ÉTUDE

SUR LA

# PRODUCTION AGRICOLE EN ITALIE

PARIS
ANDRÉ SAGNIER, ÉDITEUR
31, RUE BONAPARTE, 31

1878

# AVANT-PROPOS

L'agriculture française ne peut plus se désintéresser des questions relatives à la production des autres pays. Avec les moyens rapides de transport qui sont aujourd'hui à la disposition du commerce, après les traités de commerce qui ont abattu les barrières isolant naguère chaque contrée, toutes les parties, non-seulement de l'Europe, mais encore du monde civilisé, sont solidaires les unes des autres. L'abondance ou la disette réagit jusqu'aux latitudes les plus lointaines. Le producteur a donc un puissant intérêt à se tenir au courant des travaux qui se poursuivent partout.

Le percement du Mont-Cenis a supprimé les

Alpes, et ouvert une voie nouvelle au commerce de la France et de l'Italie. Quels profits l'agriculture nationale peut-elle en retirer, quelle concurrence a-t-elle à redouter, c'est ce que nous avons voulu mettre en lumière dans les pages suivantes, par l'exposé de la situation actuelle de la production agricole en Italie.

Décembre 1877.

# ÉTUDE

SUR LA

# PRODUCTION AGRICOLE

# EN ITALIE

## I

Pays aimé de tous les touristes, cher aux amis des arts qui y recueillent des inspirations ou de douces émotions, asile des malades qui vont demander la guérison et la santé à son climat bienfaisant, l'Italie est peu connue des agriculteurs; ses forces productives sont peu appréciées ou mal jugées. Les irrigations de la Lombardie ont fixé, depuis longtemps, l'attention générale; elles ont servi d'exemple et de modèle à beaucoup d'autres contrées. Mais ce cachet typique d'une province, mis en relief par les ingénieurs ou les agronomes-voyageurs, formait à peu près tout ce qui était dans le domaine public sur la production agricole de la Péninsule. Sa division en un nombre considérable de petits Etats fut, pendant longtemps, un obstacle à l'inventaire, si l'on peut parler ainsi, des richesses du pays. Les chiffres fournis par la statistique servent, en effet, quand ils sont bien établis, de base à la science d'une nation. Mais depuis une dizaine d'années, par suite de la réunion de toute l'Italie en un seul grand Etat, ce travail a pu être entrepris. Il a été poursuivi avec ardeur, et les premiers résultats, au point de vue agricole, viennent d'en être connus. Ils sont résumés dans un Atlas publié par la Direction de l'agriculture au Ministère de l'agriculture, de l'industrie et du commerce; cet Atlas accompagne un très-important travail sur la situation de l'agriculture dans la Péninsule durant les cinq dernières années.

Cet Atlas renferme dix-neuf planches tirées en plusieurs couleurs; elles sont faites avec beaucoup de soin, et consacrées à la répartition dans les 69 provinces, durant les cinq années de 1870 à 1874, des diverses sortes de cultures. Il a pour titre : *Atlante delle principali colture agrarie in Italia* (Atlas des principales cultures agricoles en Italie).

Les dix-neuf cartes, dressées à l'échelle de 1/3,700,000, sont respectivement consacrées : 1° aux régions agricoles; 2° à la culture du froment; 3° à celle du maïs; 4° à celle du riz; 5° à celle du seigle et de l'orge; 6° à celle de l'avoine; 7° aux haricots, lentilles et pois; 8° aux fèves, lupins et vesces; 9° aux pommes de terre; 10° au chanvre; 11° au lin; 12° à la vigne; 13° aux oliviers; 14° aux bois et forêts; 15° aux châtaigneraies; 16° à la répartition des terres arables. Les trois dernières cartes sont remplies par des tracés graphiques qui donnent, avec beaucoup de simplicité et de clarté, les proportions de l'étendue des diverses cultures dans chaque province. Pour chacune des cartes, six graduations de teintes indiquent, dans chaque province, le rapport à la surface totale de la culture, le froment ou le maïs, par exemple, à laquelle est consacrée cette carte.

Pour donner une idée de cette classification, nous allons reproduire les renseignements qui ressortent de l'examen de la carte des étendues des terres arables. Les 69 provinces sont divisées en six catégories comme il suit :

*Provinces comptant en terres arables de 1 à 19 hectares pour 100 hectares de superficie totale.* — Turin, Coni, Sondrio, Port-Maurice, Bellune, Massa, Reggio, Sassari.

*Provinces comptant de 20 à 29 pour 100 de terres arables.* — Bergame, Brescia, Udine, Sienne, Livourne, Gênes, Grosseto, Aquila, Lecce, Trapani, Girgenti, Cagliari.

*Provinces comptant de 30 à 39 pour 100 de terres arables.* — Côme, Novare, Vérone, Trévise, Florence, Arezzo, Pérouse, Rome, Foggia, Avellino, Salerne, Bari, Potenza, Cozenza, Messine, Catane.

*Provinces comptant de 40 à 49 pour 100 de terres arables.* — Alexandrie, Venise, Parme, Modène, Pezaro, Macerata, Ascoli, Chieti, Catanzaro.

*Provinces comptant de 50 à 59 pour 100 de terres arables.* — Pavie, Plaisance, Mantoue, Vicence, Reggio, Ferrare, Lucques, Forli, Ancône, Teramo, Palerme, Caltanissetta, Syracuse.

*Provinces comptant de 60 à 78 pour 100 de terres arables.* — Milan, Crémone, Padoue, Rovigo, Bologne, Ravenne, Pise, Campobasso, Caserte, Bénévent, Naples.

De ce tableau il ressort que la Lombardie, la Vénétie, une partie de la Toscane et des Marches, et la Campanie sont les parties de l'Italie où la charrue a tracé le plus de sillons et dans lesquelles la production a pris actuellement le plus de développement.

Pour montrer les rapports des cultures dans les différentes provinces de la Péninsule, nous avons constitué le tableau suivant qui ressort des tracés graphiques des trois dernières cartes de l'Atlas et des documents de l'enquête qui l'accompagnent. Tous ces nombres représentent des hectares :

| | Coni. | Turin. | Alexandrie. | Novarre. | Pavie. |
|---|---|---|---|---|---|
| Froment........ | 32,322 | 71,843 | 48,800 | 35,483 | 28,985 |
| Maïs............. | 34,000 | 37,980 | 24,580 | 42,274 | 21,074 |
| Riz.... ......... | » | 80 | 1,353 | 72,300 | 56,955 |
| Orge et seigle..... | 6,439 | 24,861 | 315 | 18,110 | 14,231 |
| Avoine........... | 4,365 | 2,514 | 695 | 4,152 | 6,926 |
| Haricots, etc...... | 5,310 | 4,617 | 1,070 | 2,760 | 8,800 |
| Fèves, lupins, etc.. | 3,866 | 1,004 | 720 | 3,973 | 2,255 |
| Pommes de terre.. | 1,726 | 2,870 | 687 | 1,680 | 276 |
| Chanvre.......... | 3,217 | 971 | 288 | 195 | 304 |
| Lin.............. | » | 80 | 48 | 17 | 1,748 |
| Vignes........... | 22,473 | 32,115 | 37,350 | 25,364 | 28,941 |
| Oliviers.......... | » | » | » | » | » |
| Bois et forêts..... | 148,750 | 146,060 | 63,872 | 103,986 | 37,041 |
| Châtaigniers...... | 21,300 | 15,268 | 9,432 | 18,784 | 5,848 |

| | Milan. | Côme. | Sondrio. | Bergame. | Brescia. |
|---|---|---|---|---|---|
| Froment........ | 49,602 | 18,670 | 1,991 | 18,100 | 21,533 |
| Maïs........... . | 57,486 | 15,039 | 4,600 | 27,800 | 31,680 |
| Riz.............. | 21,880 | » | » | 530 | 820 |
| Orge et seigle..... | 8,021 | 6,200 | 3,200 | 4,821 | 5,200 |
| Avoine........... | 5,016 | 650 | 136 | 890 | 1,050 |
| Haricots, etc ..... | 3,676 | 2,180 | 680 | 4,780 | 1,700 |
| Fèves, lupins, etc. | 1,045 | 937 | 130 | 1,713 | 1,580 |
| Pommes de terre.. | 875 | 1,860 | 5,309 | 1,120 | 980 |
| Chanvre.......... | 89 | 64 | » | 422 | 637 |
| Lin.............. | 9,265 | 100 | » | » | 6,001 |
| Vignes.. ..... .. | 9,033 | 9,454 | 2,962 | 13,035 | 20,419 |
| Oliviers..... ..... | » | 1,792 | » | 424 | 2,375 |
| Bois et forêts...... | 14,173 | 47,374 | 57,558 | 80,238 | 120,710 |
| Châtaigniers. .... | » | 1,960 | 51,671 | 2,838 | 17,600 |

| | Crémone. | Mantoue. | Vérone. | Vicence. | Bellune. |
|---|---|---|---|---|---|
| Froment | 24,617 | 35,487 | 15,286 | 43,787 | 8,700 |
| Maïs | 26,254 | 26,860 | 10,350 | 36,000 | 11,599 |
| Riz | 6,900 | 14,350 | 13,790 | 1,155 | » |
| Orge et seigle | 2,495 | 79 | 2,211 | 1,840 | 11,200 |
| Avoine | 4,301 | 2,219 | 1,550 | 3,807 | 815 |
| Haricots, etc. | 910 | 6,305 | 1,012 | 7,284 | 5,890 |
| Fèves, lupins, etc. | 456 | 2,268 | 1,315 | 608 | 321 |
| Pommes de terre | 309 | » | 1,130 | 990 | 1,961 |
| Chanvre | » | 1,916 | 1,057 | 405 | 890 |
| Lin | 17,325 | 1,229 | 87 | » | 325 |
| Vignes | 19,166 | 34,776 | 31,382 | 52,882 | 3,921 |
| Oliviers | » | » | 3,038 | 251 | » |
| Bois | 8,833 | 2,120 | 21,134 | 43,374 | 68,394 |
| Châtaigniers | » | » | 8,616 | 1,370 | 2,640 |

| | Padoue. | Rovigo. | Trévise. | Udine. | Venise. |
|---|---|---|---|---|---|
| Froment | 63,021 | 25,000 | 19,738 | 28,345 | 12,780 |
| Maïs | 36,230 | 28,087 | 51,005 | 66,810 | 14,200 |
| Riz | 2,790 | 10,120 | 200 | 565 | 3,840 |
| Orge et seigle | 1,179 | 3,465 | 2,503 | 5,530 | 1,200 |
| Avoine | 6,709 | 5,820 | 3,636 | 2,507 | 3,019 |
| Haricots, etc. | 3,900 | 2,149 | 6,902 | 11,120 | 3,304 |
| Fèves, lupins, etc. | 2,980 | 3,575 | 1,453 | 260 | 1,582 |
| Pommes de terre | 290 | 442 | 363 | 1,727 | 675 |
| Chanvre | 3,426 | 4,644 | » | 461 | 248 |
| Lin | 675 | 257 | » | 127 | 128 |
| Vignes | 24,720 | 14,863 | 49,763 | 41,845 | 23,610 |
| Oliviers | 247 | » | » | » | » |
| Bois | 741 | » | 32,080 | 97,011 | 615 |
| Châtaigniers | 5,837 | » | 2,454 | 3,260 | » |

| | Port-Maurice. | Gênes. | Plaisance. | Parme. | Reggio. |
|---|---|---|---|---|---|
| Froment ......... | 4,526 | 68,373 | 40,515 | 51,793 | 50,517 |
| Maïs ....... .... | 380 | 22,128 | 20,325 | 30,340 | 20,025 |
| Riz ............ .. | » | » | 190 | 3,055 | 2,770 |
| Orge et seigle..... | » | 2,045 | 320 | 1,218 | 1,995 |
| Avoine........... | 139 | 595 | 1,955 | 2,603 | 1,466 |
| Haricots, etc...... | 382 | 5,973 | 5,914 | 8,500 | 2,800 |
| Fèves, lupins, etc. | 252 | 3,713 | 5,623 | 13,729 | 2,232 |
| Pommes de terre.. | 227 | 921 | 1,053 | 1,686 | 1,225 |
| Chanvre... ..... | » | 2,500 | 59 | 934 | 1,145 |
| Lin.............. | » | » | 206 | 145 | 1,148 |
| Vignes. ....... .... | 5,884 | 31,124 | 28,311 | 29,636 | 20,350 |
| Oliviers.... ...... | 42,000 | 38,689 | » | » | » |
| Bois......... ..... | 19,381 | 114,022 | 43,880 | 75,732 | 36,343 |
| Châtaigniers... .. | 320 | 43,490 | 1,271 | 5,232 | 2,680 |

| | Modène. | Ferrare. | Bologne. | Ravenne. | Forli. |
|---|---|---|---|---|---|
| Froment.. ...... | 54,456 | 63,867 | 100,816 | 62,756 | 56,831 |
| Maïs............. | 30,304 | 24,672 | 34,736 | 33,282 | 33,264 |
| Riz..... ........ | 735 | 2,222 | 8,575 | 6,900 | 15 |
| Orge et seigle..... | 3,115 | 167 | 1,879 | 1,797 | 596 |
| Avoine .. ....... | 1,072 | 220 | 1,258 | 4,004 | 701 |
| Haricots, etc ..... | 2,380 | 621 | 1,589 | 10,413 | 2,871 |
| Fèves, lupins, etc. | 5,475 | 518 | 1,359 | 2,780 | 920 |
| Pommes de terre . | 2,004 | » | 816 | 625 | 290 |
| Chanvre.......... | 3,214 | 25,000 | 33,300 | 4,399 | 1,131 |
| Lin... ....... .. | » | » | » | » | 85 |
| Vignes....... .... | 14,764 | 27,233 | 19,821 | 13,181 | 15,160 |
| Oliviers........... | » | » | 7 | 2,741 | 1,047 |
| Bois.......... .. | 29,173 | 2,184 | 58,771 | 5,093 | 75 |
| Châtaigniers.. ... | 10,091 | » | 9,979 | 1,390 | 274 |

| | Pesaro. | Ancône. | Macerata. | Ascoli. | Pérusse. |
|---|---|---|---|---|---|
| Froment | 85,654 | 63,795 | 60,890 | 17,780 | 205,366 |
| Maïs | 32,300 | 25,622 | 32,028 | 32,490 | 83,903 |
| Riz | » | » | » | » | » |
| Orge et seigle | 2,248 | 916 | 1,180 | 1,981 | 9,039 |
| Avoine | 304 | 840 | 1,755 | 1,781 | 9,962 |
| Haricots, etc | 3,315 | 1,220 | 943 | 5,509 | 12,609 |
| Fèves, lupins, etc. | 8,569 | 3,770 | 35 | 5,721 | 10,380 |
| Pommes de terre | 600 | 132 | 327 | 1,534 | 1,820 |
| Chanvre | 494 | 107 | 1,290 | 1,224 | 8,373 |
| Lin | 920 | 220 | 480 | 664 | 411 |
| Vignes | 19,615 | 22,449 | 27,444 | 25,326 | 50,504 |
| Oliviers | 2,081 | 6,402 | 4,401 | 6,695 | 55,683 |
| Bois | 45,936 | 12,865 | 18,977 | 3,810 | 223,813 |
| Châtaigniers | 837 | 263 | 450 | 1,791 | 6,923 |

| | Rome. | Massa. | Lucques. | Florence. | Livourne. |
|---|---|---|---|---|---|
| Froment | 160,000 | 9,358 | 29,680 | 121,163 | 3,646 |
| Maïs | 34,950 | 3,003 | 18,698 | 44,891 | 750 |
| Riz | » | » | 480 | » | » |
| Orge et seigle | 820 | 1,685 | 1,980 | 2,518 | 40 |
| Avoine | 8,000 | 143 | 2,321 | 6,780 | 250 |
| Haricots, etc | 2,670 | 1,714 | 3,580 | 12,471 | 315 |
| Fèves, lupins, etc. | 2,405 | 3,285 | 1,670 | 9,382 | 124 |
| Pommes de terre | 827 | 913 | 915 | 1,570 | 66 |
| Chanvre | 800 | 70 | 896 | 827 | » |
| Lin | 94 | 24 | 455 | 750 | » |
| Vignes | 43,096 | 7,318 | 18,107 | 77,278 | 3,569 |
| Oliviers | 41,667 | 3,642 | 14,010 | 38,759 | 608 |
| Bois (1) | 240,205 | 42,056 | 31,218 | » | » |
| Châtaigniers | 5,162 | 10,210 | 27,247 | 41,427 | 153 |

(1) Les renseignements sur les surfaces boisées dans les provinces de Florence, Livourne, Pise, Arezzo, Sienne et Grosseto, n'ont pas pu être réunis.

| | Pise. | Arezzo. | Sienne. | Grosseto. | Teramo. |
|---|---|---|---|---|---|
| Froment | 96,255 | 59,045 | 60,098 | 33,212 | 100,000 |
| Maïs | 25,902 | 16,554 | 13,591 | 3,113 | 54,136 |
| Riz | » | » | » | » | » |
| Orge et seigle | 586 | 2,126 | 2,808 | 1,306 | 17,500 |
| Avoine | 13,366 | 3,295 | 2,524 | 15,111 | 1,600 |
| Haricots etc. | 9,520 | 7,787 | 2,371 | 963 | 7,325 |
| Fèves, lupins, etc. | 1,723 | 2,968 | 3,010 | 1,279 | 9,516 |
| Pommes de terre | 517 | 1,580 | 747 | 347 | 2,180 |
| Chanvre | 140 | 707 | 562 | 95 | 720 |
| Lin | 183 | 237 | 225 | 58 | 1,052 |
| Vignes | 36,379 | 41,566 | 38,700 | 3,903 | 71,250 |
| Oliviers | 31,601 | 9,689 | 15,402 | 9,209 | 15,300 |
| Bois | » | » | » | » | 23,590 |
| Châtaigniers | 3,800 | 24,091 | 7,763 | 6,643 | 1,360 |

| | Aquila. | Chieti. | Campobasso. | Foggia. | Bari. |
|---|---|---|---|---|---|
| Froment | 93,614 | 55,239 | 126,893 | 160,902 | 129,873 |
| Maïs | 26,000 | 33,331 | 54,073 | 7,344 | 649 |
| Riz | » | » | 70 | » | » |
| Orge et seigle | 8,700 | 9,000 | 10,790 | 15,500 | 732 |
| Avoine | » | 1,351 | 6,892 | 48,000 | 37,009 |
| Haricots, etc. | 3,815 | 9,816 | 6,665 | 3,140 | 3,800 |
| Fèves, lupins, etc. | 2,721 | 8,360 | 7,098 | 5,200 | 9,615 |
| Pommes de terre | 3,218 | 1,016 | 1,034 | 756 | 333 |
| Chanvre | 1,401 | 691 | 1,731 | 39 | » |
| Lin | 345 | 654 | 2,295 | 101 | 291 |
| Vignes | 39,300 | 35,600 | 25,392 | 20,440 | 53,773 |
| Oliviers | 1,323 | 39,822 | 12,123 | 19,914 | 82,088 |
| Bois | 67,578 | 31,628 | 46,804 | 71,258 | 27,704 |
| Châtaigniers | 35,020 | 1,123 | 912 | 159 | » |

| | Lecce. | Caserte. | Bene-vent. | Naples. | Avellino. |
|---|---|---|---|---|---|
| | — | — | — | — | — |
| Froment........ | 99,400 | 300,200 | 94,830 | 11,129 | 56,419 |
| Maïs........... | 580 | 59,980 | 58,575 | 7,207 | 32,031 |
| Riz.......... | » | » | » | 30 | » |
| Orge et seigle..... | 10,666 | 8,680 | 6,154 | 433 | 2,092 |
| Avoine......... | 23,794 | 24,291 | 6,295 | 318 | 2,475 |
| Haricots, etc...... | 1,380 | 10,790 | 5,895 | 2,620 | 8,980 |
| Fèves, lupins, etc. | 1,126 | 9,970 | 4,400 | 1,562 | 2,794 |
| Pommes de terre.. | 735 | 715 | 2,300 | 685 | 2,062 |
| Chanvre ........ | 360 | 4,500 | 5,045 | 4,200 | 1,084 |
| Lin............. | 4,581 | 3,500 | 2,120 | 834 | 411 |
| Vignes.......... | 21,600 | 29,329 | 15,231 | 17,380 | 19,807 |
| Oliviers......... | 100,000 | 19,664 | 7,231 | 765 | 6,883 |
| Bois............ | 32,718 | 51,967 | 12,742 | 19,916 | 45,539 |
| Châtaigniers...... | » | 9,000 | 1,177 | 910 | 11,521 |

| | Salerme. | Potenza. | Cosenza. | Catanzaro. | Reggio |
|---|---|---|---|---|---|
| | — | — | — | — | — |
| Froment......... | 122,185 | 197,820 | 647,643 | 91,632 | 18,709 |
| Maïs............ | 37,855 | 35,936 | 4,600 | 32,582 | 12,100 |
| Riz............ | » | » | » | » | » |
| Orge et seigle..... | 316 | 23,718 | 19,560 | 8,934 | 4,865 |
| Avoine.......... | 12,628 | 44,691 | 29,862 | 9,430 | 2,540 |
| Haricots, etc...... | 4,380 | 8,910 | 3,785 | 3,593 | 6,814 |
| Fèves, lupins, etc. | 3,020 | 10,380 | 4,200 | 4,514 | 2,852 |
| Pommes de terre.. | 480 | 1,928 | 1,516 | 972 | 1,183 |
| Chanvre......... | 848 | 348 | » | » | 1,202 |
| Lin............ | 1,533 | 1,904 | 1,980 | 4,520 | 1,748 |
| Vignes .......... | 21,316 | 46,480 | 37,936 | 32,486 | 24,590 |
| Oliviers.......... | 15,113 | 6,576 | 15,471 | 27,564 | 40,331 |
| Bois........... | 68,104 | 163,084 | 69,488 | 78,700 | 38,132 |
| Châtaigniers...... | 4,322 | 4,891 | 19,787 | 10,526 | 8,914 |

Dans ces tableaux, nous avons laissé de côté la Sicile et la Sardaigne, dont l'économie rurale est sensiblement différente, même des parties de la Péninsule qui en sont le plus voisines. Dans ces deux îles, et principalement en Sardaigne, la production agricole est faible. La Sicile n'est plus le grenier d'abondance de la Rome antique.

L'Atlas publié par la direction de l'agriculture d'Italie divise la presqu'île en dix régions agricoles : Piémont, Lombardie, Vénétie, Ligurie, Emilie, Marches et Ombrie, Toscane, Latium, Italie méridionale sur l'Adriatique, et Italie méridionale méditerranéenne. Cette répartition correspond à peu près aux anciennes divisions politiques, sauf pour les deux dernières. La première de celles-ci comprend les Abruzzes et les Pouilles ; la seconde renferme la Campanie et les Calabres. En groupant entre ces dix régions les résultats constatés pour les provinces, on forme le tableau suivant, dans lequel nous avons cru intéressant de rapprocher des surfaces des terres arables, celles des régions, ainsi que la population constatée au recensement de 1871 :

| | Surfaces des régions. | Terres arables. | Population. | Population spécifique. |
|---|---|---|---|---|
| | — | — | — | — |
| | Hectares. | Hectares. | | |
| Piémont. ....... | 2,900,411 | 766,793 | 2,899,564 | 100 |
| Lombardie........ | 2,353,283 | 936,464 | 3,460,824 | 147 |
| Vénétie.... .... | 2,365,709 | 877,677 | 2,642,807 | 112 |
| Ligurie.......... | 532,387 | 156,058 | 843,812 | 153 |
| Emilie........... | 2,052,734 | 1,147,840 | 2,113,828 | 103 |
| Marches et Ombrie | 1,934,714 | 815,938 | 1,465,020 | 76 |
| Toscane......... | 2,403,109 | 791,044 | 2,142,525 | 82 |
| Latium.......... | 1,179,016 | 432,815 | 836,704 | 71 |
| Italie méridionale adriatique..... | 3,940,932 | 1,534,571 | 2,703,874 | 68 |
| Italie méridionale méditerranéenne. | 4,590,028 | 1,827,660 | 4,471,427 | 97 |
| Totaux..... | 24,232,323 | 9,286,860 | 23,580,385 | |
| Sicile............ | 2,924,024 | | 2,584,090 | 88 |
| Sardaigne........ | 2,445,017 | | 636,660 | 26 |
| Totaux et moyenne | 29,601,364 | | 26,801,144 | 90 |

Les dix régions comptent, en outre, 3,000,000 hectares en bois et 7,000,000 hectares en prairies et en pâtures. Il resterait donc, environ, 4,000,000 hectares en étangs, marais, superficie bâtie, sol improductif de toute nature. C'est une proportion de 16 pour 100 de la surface totale, à peu près 4 fois plus que pour la France, mais beaucoup moins que dans toutes les autres parties de l'Europe méridionale. La faible proportion des prairies et des cultures fourragères, en général, explique le contingent tout à fait insuffisant des animaux domestiques. On ne compte, en effet, dans tout le royaume, que 3,489,000 bœufs et vaches, 40,000 bufles, 1,196,000 chevaux, ânes et mulets, 8,675,000 têtes des espèces ovine et caprine, 1,575,000 porcs.

Un fait caractéristique, c'est la densité de la population; celle-ci est beaucoup plus élevée qu'en France, et dans aucune province de l'Italie continentale, elle ne descend au-dessous du chiffre moyen constaté pour toute la France, de 69 habitants par 100 hectares.

D'après les rapports que nous avons sous les yeux, la production moyenne pour les diverses cultures, a été, en Italie, dans la période de cinq années, de 1870 à 1874, la suivante :

| | Surfaces cultivées. | | Production totale. | | Production moyenne par hectare. | |
|---|---|---|---|---|---|---|
| Blé........ | 4,676,485 | hectares | 51,790,005 | hectol. | 11.07 | hectol. |
| Maïs......... | 1,696,513 | | 31,098,331 | | 18.33 | |
| Riz.......... | 232,669 | | 9,818,151 | | 42.14 | |
| Orge et seig. | 461,780 | | 6,697,288 | | 14.40 | |
| Avoine...... | 398,631 | | 7,443,567 | | 18.67 | |
| Haricots, etc. | 312,869 | | 2,496,192 | | 7.97 | |
| Fèves, etc... | 300,637 | | 3,096,747 | | 10,30 | |
| Chanvre..... | 133,039 | | 959,177 | quint. | 7.21 | quint. |
| Lin.......... | 81,116 | | 233,337 | | 2.38 | |
| Vignes....... | 1,870,109 | | 27,136,534 | hect. | 14.51 | hect. |
| Oliviers...... | 900,311 | | 3,385,591 | | 3.76 | |
| Châtaigniers. | 495,794 | | 5,768,347 | hectol. | 11.63 | quint. |

Pour que cette étude soit complète, il reste à indiquer comment la production se répartit entre les diverses provinces.

L'atlas agricole de l'Italie, dont nous venons de résumer les principaux traits, accompagne un ouvrage fort important en trois volumes, et qui est intitulé : *Relazione intorno alle condizioni dell' agricoltura nel quinquennio* 1870-1874, Rapport sur la situation de l'agriculture durant les cinq années 1870-1874. Sous ce titre modeste, se cache un tableau réellement complet de la production et du commerce agricoles de l'Italie, et qui fait le plus grand honneur à M. Miraglia, directeur de l'agriculture, qui en a inspiré et dirigé la publication.

Le premier volume renferme d'abord une introduction contenant une étude complète sur le climat de l'Italie, sur les conditions météorologiques et la répartition en régions, sur les conditions physiques du sol, sur sa composition et sur les modes généraux de culture. Chacune des régions est étudiée à ces divers points de vue, avec des renseignements fort importants sur les méthodes de culture, sur les instruments employés, les engrais, etc. Une étude spéciale est consacrée aux maremmes ou terrains marécageux et à la situation arriérée de l'agriculture dans ces régions déshéritées. Puis viennent des monographies faites avec détail, sur les diverses cultures : blé, maïs, avoine, vignes, cultures arbustives, silviculture, etc. Nous aurons à y revenir tout à l'heure.

Le deuxième volume est tout entier consacré à l'élevage des diverses races d'animaux domestiques, à l'industrie pastorale, à la production des beurres et fromages, aux encouragements donnés par le gouvernement à la production animale. Le troisième est spécialement consacré aux questions d'économie rurale, aux conditions de la propriété foncière, aux rapports entre les ouvriers ruraux et les agriculteurs, aux voies et moyens adoptés pour favoriser le développement de l'agriculture.

Cet exposé suffit pour montrer combien ce travail est important; c'est en janvier 1871, d'après le rapport présenté au mois de mai dernier par M. Miraglia, au Conseil supérieur d'agriculture, que les travaux préparatoires de cette grande enquête ont commencé à être poursuivis. On comprendra combien d'efforts ont dû se réunir. Le résultat est-il complet, nous sommes mal placés pour le savoir; mais il faut reconnaître le zèle de ceux qui ont coopéré à cette œuvre. La statistique agricole échappe difficilement aux critiques, mais il lui faut en prendre son parti, en s'efforçant de se perfectionner et en écoutant volontiers celles qui peuvent être fondées. Quoi qu'il en soit, notre but est de tirer de la nouvelle publication les renseignements qui peuvent être intéressants pour les agriculteurs et les commerçants français.

On a vu que le froment est la principale céréale cultivée en Italie. Il occupe 4,676,000 hectares et la production moyenne est de 11 hectolitres par hectare. C'est peu, comparativement à d'autres pays, principalement à la France; mais la production tend à augmenter. Le produit moyen varie dans des limites assez étroites, de région à région; le maximum (13 hectol. 80) est atteint en Lombardie, le minimum pour l'Italie continentale est de 8.57, dans la Ligurie. Quant à l'étendue relative de la surface consacrée au blé, elle varie dans de très-larges proportions de région à région, et de province à province; elle est de 24 pour 100 environ de l'Emilie, de 22 dans les Marches et dans les provinces méridionales, de 19 en Sicile, de 18 en Toscane, tandis qu'elle descend à 8 pour 100 dans la Lombardie et à 6 pour 100 dans le Piémont. Au point de vue de la production totale, l'Italie occupe en Europe le troisième rang; elle vient après la Russie et la France; mais elle est loin de suffire aux besoins de sa consommation. En 1875, les importations de blés étrangers ont atteint 3,111,260 quintaux métriques, tandis que les exportations ne dépassaient pas 603,510 quintaux; il y a donc eu un excédant de 2,507,750 quintaux en faveur des importations. Cet excédant avait une valeur de plus de 75 millions de francs. Quant aux importations de farines, elles balancent à peu près les exportations. La Russie et la Turquie sont les deux principaux pays d'approvisionnement; la France vient en troisième ligne, avec l'Algérie, mais distancée de beaucoup. D'une manière générale, l'Italie a besoin d'importer en moyenne, chaque année, une quantité égale à un peu moins du dixième de sa production ordinaire.

Le maïs occupe, parmi les céréales, le premier rang après le blé. Les provinces de la Lombardie, de la Vénétie, du Piémont et de l'Émilie, fournissent plus de la moitié de la production totale. Le Piémont et la Lombardie donnent la production la plus intense; le rendement moyen, qui est de 18 hectolitres 33 pour tout le pays, y dépasse 20 hectolitres par hectare. Le maïs joue un rôle considérable dans l'alimentation, et il en reste encore de grandes quantités disponibles pour l'exportation. Celle-ci se fait principalement en Autriche, en Angleterre et en France, où les beaux maïs d'Italie sont recherchés. Cette céréale donne dans le Tyrol un rendement plus considérable, mais c'est le seul cas de supériorité sur la production italienne qui ait encore été constaté.

Le riz donne lieu, de son côté, à un commerce d'exportation considérable, qui a atteint 727,690 quintaux métriques en 1875, tandis que les importations ne dépassaient pas 87,540 quintaux. Cette culture est à peu près exclusivement confinée dans l'Italie septentrionale, et c'est en Lombardie qu'elle a pris le plus grand développement.

Pour les autres céréales, il y a peu de choses à dire, sauf en ce qui concerne l'avoine. Il y a une importation assez considérable d'avoines d'Autriche et de Turquie, mais une exportation correspondante en France et qui dépasse 55,000 quintaux métriques; elle a été favorisée dans ces dernières années par les hauts prix que ce grain a atteints sur nos principaux marchés.

L'exportation des produits maraîchers et horticoles tend à prendre une grande extension. La Provence reçoit chaque année, principalement pour l'approvisionnement de Marseille, de grandes quantités de fruits et de légumes frais italiens. Il est intéressant de présenter le résumé des exportations de ces denrées, de 1870 à 1874, exprimées en quintaux métriques :

| | 1870. | 1871. | 1872. | 1873. | 1874. |
|---|---|---|---|---|---|
| Raisins frais...... | 11,598 | 23,816 | 21,850 | 15,013 | 30,090 |
| Autres fruits frais. | 57,401 | 78,610 | 71,809 | 55,051 | 71,009 |
| Légumes frais.... | 20,071 | 51,546 | 57,320 | 65,145 | 76,930 |

Parmi les plantes textiles, le chanvre et le lin occupent le premier rang; ils font la richesse de quelques provinces, non-seulement par la culture elle-même, mais aussi par les nombreuses usines que celle-ci alimente. L'exportation des lins et des chanvres atteint actuellement 300,000 quintaux métriques, tandis que l'importation ne dépasse pas le quart de cette quantité. — Quant aux autres cultures industrielles, elles n'occupent qu'un rang tout à fait secondaire.

La production viticole de l'Italie mérite d'être étudiée tout particulièrement. La vigne couvre, d'après les documents officiels, une superficie de 1,870,000 hectares, soit à peu près le 15e de l'étendue totale du pays. Les provinces méridionales, la Sicile, la Toscane, le Piémont et la Vénétie présentent la production absolue la plus considérable. Le rendement moyen est estimé à 14 hectolitres 51 par hectare; c'est peu comparativement à la plupart des autres pays viticoles. Mais il faut tenir compte des méthodes généralement adoptées pour la culture de la vigne en Italie. Une partie, relativement restreinte, de l'étendue affectée à cet arbre précieux, est cultivée en vigne basse; la plupart du temps la vigne est alliée à des arbres, et l'on demande au même sol de l'huile, du vin, des fruits de toute sorte, des grains, des légumes, des fourrages, etc. Le vin n'est donc qu'une partie du produit d'un hectare ainsi cultivé, et il est impossible de séparer d'une manière absolue la surface qui lui est consacrée, de sorte que la statistique indique forcément une surface plus considérable que celle qui est, en réalité, uniquement consacrée à la vigne.

Le Piémont a la plus grande production moyenne; celle-ci y dépasse 23 hectolitres par hectare; ensuite viennent la Sicile avec 20 hectolitres, la Sardaigne avec 18 hectolitres 64, les provinces méridionales méditerranéennes avec 15 hectolitres.

Le vin est l'objet d'un important commerce avec les pays étrangers; on en jugera par le tableau suivant des importations et exportations pour l'année 1875 :

| | Importations en Italie. | | Exportations d'Italie. | |
|---|---|---|---|---|
| | Vins en fûts. | Vins en bouteilles. | Vins en outres et en fûts. | Vins en bouteil. |
| | Hectol. | 100 bout. | Hectol. | 100 bout. |
| Autriche....... | 14,452 | 390 | 37,145 | 615 |
| France..... ... | 18,335 | 3,134 | 81,854 | 3,570 |
| Allemagne....... | 45 | 32 | 1,762 | 11 |
| Grèce........... | 1,847 | » | 363 | » |
| Angleterre....... | 2,025 | 68 | 80,573 | 240 |
| Portugal.... .... | 26 | 4 | » | » |
| Espagne.. .. .. .. | 14,597 | 54 | » | » |
| Suisse.......... | 13 | » | 100,205 | 94 |
| Turquie ......... | 86 | 2 | 4,108 | 64 |
| Amérique centrale | » | » | 24,769 | 161 |
| — mérid. | » | » | 2,658 | 4,234 |
| Etats-Unis d'Amér. | » | » | 436 | 12 |
| Belgique......... | » | » | 767 | » |
| Egypte.......... | » | » | 6,474 | 1,705 |
| Grèce........... | » | » | 363 | » |
| Hollande......... | » | » | 1,464 | 31 |
| Russie........... | » | » | 2,293 | » |
| Suède et Norvège. | » | » | 277 | » |
| Tunisie.......... | » | » | 7,147 | 63 |

La valeur des exportations a atteint 15,923,800 fr. et surpassait de 13 millions et demi de francs celle des importations. Le tableau qu'on vient de lire démontre que, non contente de faire concurrence aux vins français sur les marchés même les plus éloignés, l'Italie nous fait jusque chez nous une guerre heureuse, favorisée d'ailleurs jusqu'ici par les tarifs de douane.

L'olivier est une des principales sources de richesse de l'Italie méridionale ; ses produits, sous forme d'huile ou celle de fruits, donnent lieu à un très-important commerce d'exportation. Celle-ci a atteint, en 1875, pour l'huile d'olive, 926,673 quintaux métriques, d'une valeur supérieure à 120 millions de francs, les importations ne dépassant pas 8 millions et demi de francs. La France tient le deuxième rang parmi les pays importateurs ; elle vient immédiatement après l'Angleterre ; nos importations ont été de 218,795 quintaux métriques en 1875. Les provinces méridionales de la Sicile sont celles où l'olivier prospère le mieux ; elles donnent 2,460,000 quintaux d'huile, sur une production totale de 3,400,000 quintaux.

Malgré la faiblesse relative du nombre des animaux domestiques, l'Italie fait encore des exportations considérables de bétail, particulièrement en France. Pour l'année 1875, nos exportations de chevaux ont dépassé de 3,019 têtes les importations ; pour les mulets, cet excédant a été de 962 têtes. Mais l'Italie nous a fourni, défalcation faite de nos importations : 19,151 bœufs et taureaux, 5,548 vaches, 6,502 veaux et génisses, 13,223 têtes de l'espèce ovine et 15,875 de l'espèce porcine. La plus grande partie de ces animaux ont été consommés par la boucherie de Marseille et de Lyon. A ces chiffres, il faut ajouter une valeur de 2,337,000 fr. en beurre frais. Mais, par contre, nous avons importé en Italie 33,863 quintaux de fromages à pâte dure d'une valeur totale de 6,773,000 fr., dépassant les importations de 5,423,000 fr.

Le commerce de la France et de l'Algérie avec l'Italie a atteint, en 1875, 762,407,000 fr., savoir : 369,850,000 fr. pour nos exportations et 392,547,000 fr. pour les importations. Sur ce total, les produits agricoles et ceux des industries qui s'y rattachent directement se sont élevés à une valeur de 128,799,000 fr. pour nos exportations et 265,244,000 pour nos importations. La balance est donc loin d'être en notre faveur.

La situation a été à peu près la même pendant les cinq années de 1871 à 1875, avec les oscillations dépendant de l'abondance des récoltes et des arrivages de la mer Noire en ce qui concerne les céréales. Toutefois, il faut ajouter que les importations de bétail d'Italie en France ont été sans cesse en diminuant : de 54 millions de francs en 1872, elles sont descendues à 39 millions en 1873, à 19,495,000 fr. en 1874, pour n'être plus que de 15,635,000 fr. en 1875; pendant ce temps, nos exportations allaient, au contraire, en augmentant. Un mouvement analogue s'est produit sur la soie et les produits qui en dérivent : de 196 millions en 1872, les exportations italiennes, en France, ont atteint le chiffre maximum de 220 millions en 1873, pour descendre à 164 millions en 1874, et à 160 millions en 1875; mais ici nos importations n'ont pas augmenté, de telle sorte qu'il faut probablement attribuer la plus grande partie de ce mouvement de recul à la crise qui frappe l'industrie des soies en Italie comme en France. Mais le fait qui doit le plus vivement appeler l'attention, c'est que nos exportations de vins atteignent à peine le quart de la valeur de nos importations de vins italiens (1,318,000 fr. d'une part contre 4,985,000 d'autre part), et encore les chiffres des valeurs sont-ils loin de représenter les quantités réelles; l'Italie nous expédie surtout des vins communs, tandis que les deux tiers de nos exportations se composent de vins fins expédiés en bouteilles.

De tous ces faits, il résulte incontestablement que l'Italie est dans une voie de progrès continu. L'enseignement agricole se propage, de même que l'outillage perfectionné. L'institution des concours régionaux d'animaux reproducteurs et des concours de primes d'honneur, établie depuis quelques années seulement dans la Péninsule, paraît avoir déjà donné d'excellents résultats, comme on aura l'occasion de le démontrer plus loin. Les travaux d'amélioration et d'irrigation sont excités par des résultats avantageux qu'ils produisent. D'un autre côté, l'épargne se tourne de plus en plus vers l'agriculture, et l'amour de la propriété se développe dans les classes les plus modestes.

Ce mouvement a d'ailleurs été favorisé par le passage de la féodalité au régime moderne ; depuis l'unification de la Péninsule, 452,000 hectares ont passé dans les mains de 223,400 paysans qui gagnaient péniblement leur vie par le travail mercenaire et qui maintenant labourent des champs qui leur appartiennent. Les terres deviennent mieux cultivées, et, par suite, plus productives ; la richesse publique va donc en augmentant.

## II

Après avoir analysé sommairement les principaux faits de la production de l'agriculture relevés dans l'enquête faite par le ministère de l'agriculture du royaume italien sur la période quinquennale de 1870 à 1874, il faut aborder les questions relatives à l'économie rurale, à la propriété foncière, aux travaux d'irrigation, à l'économie forestière, à l'enseignement agricole, aux concours, etc.

En ce qui concerne l'économie rurale, un questionnaire divisé en neuf articles avait été envoyé dans toutes les parties de la péninsule, et toutes les réponses ont été réunies. Ces articles étaient les suivants :

1° Quel est le système qui domine relativement à la culture du sol : fermage, métayage ou faire-valoir direct ?

2° Quels sont les salaires moyens annuels pour les journaliers et pour les ouvriers à l'année ?

3° Quels sont les salaires des femmes dans les exploitations rurales?

4° Comment et dans quelles proportions les adolescents sont-ils payés?

5° Quel est le nombre approximatif de journées de travail?

6° Comment les ouvriers agricoles sont-ils traités au point de vue de la nourriture et du logement?

7° Les salaires des ouvriers agricoles ont-ils augmenté dans les dix dernières années, et dans quelles proportions?

8° Les fermiers et les colons sont-ils souvent endettés vis-à-vis des propriétaires?

9° Quelle est la nature des rapports entre les propriétaires et les exploitants du sol?

A ce questionnaire étaient jointes quelques autres demandes, relatives principalement à l'émigration des ouvriers agricoles vers les villes et à la situation des habitations rurales.

Les réponses à ces questions se trouvent résumées dans l'exposé suivant.

Il résulte de l'enquête, relativement au mode d'exploitation du sol, que, dans la Haute-Italie, c'est-à-dire le Piémont, la Lombardie et la Vénétie, la culture directe est peu répandue, sauf dans les parties montagneuses. Elle est plus générale dans la Vénétie que dans le Piémont et la Lombardie. Le colonage partiaire prédomine dans les zones subalpines, le haut Milanais, principalement pour la culture des vignes. Quant au fermage, c'est le mode d'exploitation le plus général dans toute la vallée du Pô, depuis Turin jusqu'à sa source.—En Ligurie, le fermage et la culture directe dominent dans la partie occidentale de la province, à l'exception peut-être de l'arrondissement de Savone; dans la partie orientale, au contraire, le colonage partiaire est plus répandu. — Pour l'Italie centrale, du Pô au Garigliano et au Trento, le système du colonage partiaire domine d'une manière absolue; mais il est moins usité dans les provices de Plaisance, de Reggio, de Parme et de Modène. — Dans le midi, le fermage prédomine. Le métayage est assez répandu dans le Téramois et assez fréquent dans le Lucquois; du reste, il se rencontre dans toutes les provinces et peut-être dans tous les arrondissements du midi, mais en petites proportions et seulement d'une manière exceptionnelle. Ici aussi, comme dans les autres parties de l'Italie, la culture directe n'est pratiquée en général que par les petits propriétaires.— En Sicile, le colonage partiaire semble prédominer dans les provinces de Messine, de Catane et de Girgenti; dans les autres, il est encore assez connu, mais le fermage et la culture directe prédominent. Dans la Sardaigne, la culture directe et le fermage prédominent ; mais le métayage se rencontre encore assez fréquemment.

Dans la haute Italie, l'ouvrier payé à l'année gagne annuellement environ 500 francs, et le journalier 1 fr. 50 par jour. Dans le salaire du premier sont compris l'habitation et les fournitures en nature, qui, dans le Piémont, se règlent par une quantité fixe, mais qui, dans la Lombardie et dans la partie plane de la Vénétie, consistent en une quotité du produit d'un champ cultivé en maïs et en lin, en une partie proportionnelle de cocons et en un ou plusieurs porcs gras. La moyenne journalière de 1 fr. 50 pour le second est calculée sans la nourriture. — Dans la Ligurie, les ouvriers payés à l'année sont assez nombreux ; la moyenne du salaire des ouvriers supplémentaires est supérieure à 1 fr. 50 et assez rapprochée de 2 fr. — Dans l'Italie centrale, le nombre des ouvriers ainsi salariés à l'année comme journaliers, est très-limité, sauf dans le Ferrarais, dans le Grossetan et dans la province de Rome, où le colonage partiaire est peu étendu. Le salaire des journaliers, exception faite du Grossetan et du territoire romain, où il atteint en moyenne 2 fr., est inférieur à celui que l'on paye dans la haute Italie ; il peut se calculer, en moyenne, à raison de 1 fr. 20.

Les salariés à l'année sont les ouvriers garçons qui ont le vivre, l'habillement et le couvert dans la famille du métayer, plus un salaire de 50 à 80 fr. s'ils sont enfants, de 80 à 150 fr., s'ils sont adultes.— Sur le versant adriatique de l'Italie méridionale, sauf la province d'Aquila, ainsi que dans les provinces de Caserte, de Bénévent, de Salerne et d'Avellino, le salaire des journaliers est en moyenne inférieur à 1 fr. 50 par jour; il est au contraire de 1 fr. 50 ou supérieur dans les provinces d'Aquila, de Potenza, de Naples et dans les Calabres. Quant aux ouvriers à l'année, on peut estimer leur salaire pour toute l'Italie méridionale à une moyenne de 400 fr. Toutefois ici, comme dans l'Italie centrale et dans les îles, on n'entend pas par ouvriers salariés à l'année les travailleurs qui résident avec leur famille sur la ferme, et qui travaillent moyennant une compensation en argent et en nature, comme dans la haute Italie, mais on désigne ainsi les garçons et les domestiques non mariés qui reçoivent un paiement annuel, plus le vivre et le logement. En Sicile et en Sardaigne, les salaires sont plus élevés; on peut estimer que la moyenne journalière monte plutôt à 2 fr. qu'à 1 fr. 50. Le salaire des ouvriers engagés à l'année est un peu supérieur à 500 fr.

Les femmes concourent plus ou moins, selon les localités, aux travaux de l'agriculture. Les femmes salariées à l'année sont peu nombreuses; elles travaillent dans l'intérieur des fermes, à la magnanerie et à la laiterie; elles vont aussi dans les champs à l'époque des travaux urgents de la fenaison, de la moisson, et de la récolte des fruits. Dans quelques provinces, comme dans celles de Côme et de Catanzaro, on emploie aussi des femmes à la journée, pour des travaux plus pénibles. Dans les plaines irriguées de la Lombardie et de la Vénétie, les femmes des ouvriers à demeure exécutent les travaux de culture du maïs et du lin, sur les lopins de terre que le propriétaire concède à la famille ouvrière, moyennant une quotité du produit. En général, le salaire de la femme est la moitié de celui de l'homme.

Les enfants payés à l'année sont chargés de faire paître le bétail et de guider les animaux dans les travaux agricoles. Avant la puberté, ils ont seulement le vivre, le vêtement et le logement et quelquefois une somme légère, comme cadeau; après la puberté, et quand ils peuvent aider les adultes dans les autres travaux agricoles, ils reçoivent en argent un salaire qui est à peu près la moitié de celui accordé à ces derniers. Les enfants que l'on prend à la journée pour les travaux moins importants et à l'époque des travaux urgents, travaillent aux mêmes conditions que les femmes.

On peut calculer, en moyenne générale, que l'ouvrier agricole reste oisif, à cause des fêtes et des mauvais temps, pendant le tiers de l'année; un peu moins dans la haute Italie, dans la Ligurie, dans la Sicile et dans la Sardaigne, et un peu plus dans la Toscane, dans les Marches et dans une partie des Abruzzes, ainsi qu'en général dans les pays de montagne.

Les ouvriers salariés à l'année, dans la haute Italie, reçoivent du propriétaire le logement pour eux et leur famille, sur la ferme, mais pas la nourriture; les domestiques ont droit à la nourriture et au logement dans tout le royaume. Quant aux journaliers, ils ne reçoivent pas la nourriture, si ce n'est chez les métayers, et à l'époque des travaux urgents de la moisson et des récoltes; le logement leur est donné dans des cas exceptionnels et seulement quand le lieu de travail est très-éloigné de leur demeure et des centres habités.

Les salaires ont augmenté dans tout le royaume, pendant la dernière période de dix ans. Dans quelques provinces, ils ont augmenté de la moitié, dans un très-grand nombre d'un tiers et dans quelques autres un peu moins. En moyenne générale, cet accroissement peut être considéré comme étant d'un tiers.

Le huitième paragraphe du questionnaire ne concerne plus les ouvriers proprement dits, mais les chefs de l'exploitation, fermiers ou métayers. Les grands fermiers sont, en général, abondamment pourvus de capitaux, ils fournissent une forte caution de fermage et par conséquent n'ont ni le besoin, ni l'occasion de s'endetter avec le propriétaire. Au contraire, les petits fermiers de la haute Italie et les sous-fermiers des provinces méridionales et des deux grandes îles s'endettent très-souvent, surtout dans les années où la récolte fait défaut. Les métayers sont endettés dans presque toutes les provinces.

Entre les propriétaires et les fermiers, il y a, en vertu du caractère du contrat, peu de rapports : aussi, les premiers se soucient-ils peu, la plupart du temps, des seconds. Dans le contrat du métayage, au contraire, c'est une nécessité pour le propriétaire de prendre à cœur le sort du colon et de l'aider : c'est ce qui a lieu en effet dans beaucoup de circonstances. Les ouvriers engagés à l'année et les domestiques, comme ceux qui vivent sous la dépendance immédiate du patron et qui travaillent sous sa direction, sont généralement bien traités. On a moins de sollicitude pour les journaliers, parce que les rapports qu'ils ont avec le propriétaire, sont aussi précaires que les services qu'ils rendent. On ne rencontre pas d'hostilité établie entre les propriétaires et les cultivateurs ainsi que les manœuvres; les relations sont plutôt bonnes, sauf dans quelques rares localités.

L'émigration des paysans de la campagne à la ville est constatée dans presque toute la haute Italie, et dans l'Italie centrale, et dans des proportions parfois assez sérieuses. Elle se remarque moins dans l'Italie méridionale, et elle est très-rare dans les deux grandes îles. Les causes de cette émigration sont le désir de se procurer un travail plus assuré et moins pénible, et une vie plus agréable ; c'est aussi, pour les travailleurs d'âge mûr, l'espérance de trouver un refuge, pendant leurs dernières années, dans les établissements de bienfaisance. L'émigration se dirige principalement des districts montagneux du Piémont et de la Lombardie vers l'Amérique, la France et la Suisse, de la Vénétie vers l'Autriche et l'Allemagne, de la Basilicate et des Calabres vers l'Amérique. Les autres régions donnent à l'émigration extérieure un très-faible contingent. A certaines saisons de l'année, nombre de travailleurs de l'Emilie se rendent pour les travaux agricoles dans les Maremmes et la Sardaigne; d'autres travailleurs des Marches, de l'Ombrie et de l'Aquitaine, dans le territoire romain; d'autres enfin vont des Abruzzes dans les Pouilles.

Dans la haute Italie et dans l'Italie centrale, les habitations des colons de la montagne sont en très-mauvais état; celles de la colline et de la plaine, et particulièrement celles qui sont voisines des villes, sont mieux construites et mieux entretenues. Celles que l'on construit actuellement ou que l'on rebâtit sont généralement bonnes. En un mot, les conditions des habitations des colons de l'Italie septentrionale et de l'Italie centrale sont mauvaises; mais, depuis plusieurs années, elles s'améliorent. Dans la province de Rome, dans l'Italie méridionale, dans les deux îles, où la population est assez clairsemée, les habitations des colons sont disséminées en petit nombre et en mauvais état.

Les Comices les plus nombreux, ceux qui trouvent dans le métayage actuel un système peu conforme à l'époque et aux besoins actuels, ainsi que ceux qui l'acceptent comme un système bon, ou par lui-même, ou par la difficulté de le remplacer par un autre meilleur, ou par des raisons d'ordre social, s'accordent sur la nécessité de le réformer, soit en accordant au propriétaire une plus grande ingérence dans la direction de l'exploitation, soit principalement en régularisant le moment de la résiliation du contrat et de la sortie du colon, en sorte que ce dernier, lorsque la résiliation lui a été intimée, reste sur l'exploitation le moins longtemps possible.

Si maintenant nous abordons la question de la division de la propriété, il faut d'abord avouer qu'il est assez difficile de se reconnaître au milieu des nombreuses dépositions envoyées par les administrations et par les Sociétés agricoles. Néanmoins, on peut dire que la moyenne et la petite propriété occupent aujourd'hui le premier rang, principalement dans l'Italie septentrionale et une partie de l'Italie centrale. Dans le Latium et les Pouilles, au contraire, on ne rencontre presque que d'immenses domaines.

La grande propriété domine aussi dans l'Italie méridionale, la Sicile et la Sardaigne; mais ici, elle est constituée, non par un seul corps de domaines, mais par un certain nombre d'exploitations distinctes, plus ou moins rapprochées les unes des autres. Cette division des terres appartenant à un seul propriétaire se rencontre dans presque tout le pays, même pour ce qui concerne la moyenne et a petite propriété. Dans quelques régions, le morcellement est devenu assez exagéré pour pouvoir être considéré comme une très-grave calamité. Du reste, les grandes propriétés, soit par la vente des biens ecclésiastiques, soit par les divisions d'hoirie, soit pour d'autres causes, vont toujours en diminuant de nombre et d'étendue, tandis que, au contraire, dans les régions plus riches, on tend à réunir en corps de domaine plus ou moins grands les petits lots séparés.

Les nombreuses ventes de biens ecclésiastiques qui ont été faites, depuis dix ans, soit aux enchères publiques, soit à l'amiable, ont exercé une influence assez notable pour déprécier la valeur de la propriété rurale. De 1867 à 1874, ces ventes ont porté sur 472,852 hectares qui ont été vendus pour 480,743,180 fr. C'est une valeur d'un peu plus de 1,000 fr. par hectare. Elle est sensiblement inférieure au taux ordinaire des ventes. En Lombardie et en Vénétie, les bonnes terres arables se vendent facilement au delà de 2,000 fr. l'hectare; les prairies valent de 2,000 à 6,000 fr. Les vignes se vendent à peu près dans les mêmes conditions. Ce sont les olivettes qui sont le plus recherchées; elles atteignent, assez facilement, dans les ventes, le taux de 6,000 fr. par hectare.

L'Italie souffre, dans beaucoup de ses parties, de l'insalubrité produite par les marais et les eaux stagnantes; mais, d'un autre côté, ses irrigations sont proverbiales. Il sera intéressant, aujourd'hui que la question de l'emploi des eaux préoccupe vivement les agriculteurs français, de terminer cet aperçu sur l'ensemble de l'économie rurale italienne par un relevé des surfaces qui reçoivent, dans chaque province, les bienfaits de l'irrigation. Ces surfaces se répartissent ainsi :

| | | |
|---|---|---|
| Piémont | 354,602 | hectares. |
| Lombardie | 588,218 | — |
| Ligurie | 14,123 | — |
| Emilie | 52,209 | — |
| Marches et Ombrie | 7,489 | — |
| Toscane | 29,044 | — |
| Italie méridionale adriatique | 35,401 | — |
| — méditerranéenne | 96,102 | — |
| Sicile | 34,509 | — |
| Sardaigne | 4,500 | — |
| Total | 1,216,197 | hectares. |

De nouvelles concessions d'eau sont faites chaque année. Mais il faut ajouter que l'Italie renferme encore 770,000 hectares de marais et d'eaux stagnantes. Il y a donc, de ce côté, beaucoup d'améliorations à entreprendre.

## III

Les études qui précèdent se rapportent, comme on l'a vu, à l'enquête ouverte sur la production agricole pendant la période quinquennale de 1870 à 1874. Les documents relatifs à l'année 1876 ont été publiés postérieurement. Les renseignements qu'ils renferment compléteront ceux qui viennent d'être résumés.

Il faut dire tout d'abord que ce qui ressort de la nouvelle publication, c'est la sollicitude avec laquelle l'Administration ne cesse de veiller, autant qu'il dépend d'elle, au développement de l'agriculture. Par des concours nombreux, par une organisation toujours améliorée des stations agricoles, par le développement de l'enseignement agricole, par des réformes nombreuses dans la législation, cette action se manifeste de la manière la plus heureuse.

L'Italie, avons-nous vu précédemment, a donné une grande extension à la culture des céréales. L'année agricole de 1875-1876 leur a été peu favorable. Ainsi, sur 7,207 communes dans lesquelles le blé-froment est cultivé, 3,001 ont donné une récolte mauvaise, 2,277 une récolte médiocre, 1,450 une récolte suffisante et 479 seulement une récolte abondante; le produit a été inférieur à celui de 1875 dans la moitié des communes, soit 3,561; il lui a été égal dans 1,886 communes. — Le maïs a donné des résultats à peu près analogues; sur 6,650 communes où ce grain est cultivé, 1,986 ont eu une récolte mauvaise et 2,069 une récolte médiocre. Dans 2,971 communes, le résultat a été inférieur à celui de l'année précédente. — Pour le seigle, 1,383 communes, sur 4,468, ont eu une récolte mauvaise, et 1,662 une récolte médiocre. — La récolte de l'orge a été mauvaise dans 1,306 communes, médiocre dans 1,418, suffisante dans 978 et abondante dans 401 seulement. — Pour l'avoine, seule, les résultats ont été différents. Il y a eu une récolte abondante dans 1,338 communes, suffisante dans 1,885, médiocre dans 1,104 et mauvaise dans 524. Le produit a été supérieur à celui de 1875 dans 1,632 communes, égal dans 1,876, et inférieur dans 1,343 seulement. — Le riz n'a pas été beaucoup plus favorisé que la plupart des autres céréales; sur 781 communes où ce grain est cultivé, 208 ont eu une récolte mauvaise, 250 une récolte médiocre, 177 une récolte suffisante et 56 une récolte abondante. — Il n'est donc pas étonnant que l'exédant des importations de grains sur les exportations ait été supérieur, en 1876, de 3,400 tonnes à celui de 1875. Les importations se sont élevées à 328,869 tonnes de grains et 14,089 tonnes de grenailles; les exportations, à 74,747 tonnes de grains et 128,198 de grenailles. Pour les farines, les exportations ont été de 39,265 quintaux contre 46,425 quintaux importés. Les exportations de riz ont été de 54,000 tonnes. Celles d'avoine ont atteint 10,401 tonnes, supérieures de 6,323 tonnes aux importations de ce grain.

La pomme de terre est cultivée, dans presque toutes les parties de la péninsule, sur environ 68,500 hectares, répartis entre 5,821 communes. La récolte de 1876 n'a pas été des plus satisfaisantes : mauvaise dans 1,900 communes, médiocre dans 2,020, elle n'a été suffisante que pour 1,282 communes, et abondante pour 619. Néanmoins, l'exportation a pu enlever 3,840 tonnes de tubercules. Pour les autres légumineux, la situation est à peu près la même :

l'année 1876 ne comptera pas parmi les bonnes années.

Les récoltes fourragères ont été généralement bonnes, notablement supérieures à celles de l'année précédente, surtout pour les prairies artificielles.

En France, l'année 1876 a été, pour les vignes, une des plus mauvaises années qu'on ait vues depuis longtemps; l'Italie n'a pas été beaucoup mieux partagée. Sur 6,596 communes qui récoltent du vin, 4,541, c'est-à-dire les deux tiers, ont eu de mauvaises vendanges, 1,204 des vendanges médiocres, 523 des vendanges suffisantes et 278 seulement des vendanges abondantes. Dans toutes les communes, sauf le septième environ, les produits ont été notablement inférieurs à ceux de 1875. Aussi l'exportation de raisins frais, qui avait atteint 28,339 quintaux métriques durant l'année précédente, n'a-t-elle plus été que de 18,995 quintaux en 1876.

Néanmoins, le rendement en vins de 1876 a été estimé à 28,879,900 hectolitres, représentant un milliard de francs et plus, d'après M. Pozzy, professeur à l'Institut industriel et professionnel de Turin. Quoique cette évaluation nous paraisse très-exagérée, nous reproduisons le tableau qu'il en donne :

| | Hectolitres. | Val. en Francs. |
|---|---|---|
| Sicile | 8,188,100 | 303,000,000 |
| Emilie | 3,013,950 | 160,500,000 |
| Piémont-Ligurie | 3,800,000 | 140,600,000 |
| Vénétie | 2,368,500 | 71,000,000 |
| Marches | 2,447,400 | 85,700,000 |
| Provinces napolitaines | 2,101,700 | 69,400,000 |
| Ombrie | 1,724,150 | 63,800,800 |
| Toscane | 1,500,000 | 55,500,000 |
| Lombardie | 1,228,150 | 47,900,000 |
| Sardaigne | 508,400 | 17,300,000 |
| Totaux | 28,879,900 | 1,014,700,000 |

La situation a été la même pour la récolte des olives; les exportations des olives fraîches ont été nulles. Pour les autres fruits, le commerce extérieur est tombé de 109,000 quintaux en 1875, à 78,000 seulement pour 1876.

Tous ces faits démontrent que l'année dernière n'a pas été bonne pour les cultures en Italie. La cause principale de ces insuccès est dans l'excessive humidité du printemps et d'une partie de l'été, combinée avec une température extraordinairement basse. En prenant les moyennes des observations thermométriques de Moncalieri, Mondovi, Pavie, Modène, Florence, Péruze, Rome, Naples et Palerme, on constate que pendant les mois de mars, de mai et de juin, les températures moyennes, par périodes de dix jours, ont été inférieures de 1 degré à 2 degrés 2 à la moyenne des dix années précédentes, sauf pendant les dix premiers jours de juin. Pendant les derniers jours d'août et les deux premières décades de septembre, époque de la maturation des raisins et des vendanges, le même fait s'est reproduit ; du 10 au 20 septembre, cette différence a atteint 3 degrés et demi. Humidité et basses températures, tels sont les deux phénomènes anormaux auxquels le mauvais résultat des récoltes paraît devoir être attribué.

L'amélioration des cultures et l'augmentation du nombre des plantes cultivées continuent à être poursuivies dans les nombreuses stations agricoles établies en Italie. D'après le rapport sommaire, fait le 1er juin 1877, par M. N. Miraglia, sur les travaux exécutés en 1876 par les stations agricoles, il en existe aujourd'hui douze, savoir : neuf stations de culture expérimentale, à Caserte, à Florence, à Forli, à Modène, à Rome, à Padoue, à Pesaro, à Turin et à Udine ; deux stations œnologiques expérimentales, à Asti et à Gattinari ; une station fromagère, à Lodi ; une station de chimie agricole, à Palerme ; un laboratoire de cryptogamie, à Pavie. Outre de nombreuses recherches analytiques ou expérimentales entreprises, soit sur l'initiative des directeurs, soit sur celle du ministère de l'agriculture, ces stations ont fait 1,160 analyses diverses pour les agriculteurs en 1875 et 950 en 1876. En dehors de ces analyses, l'examen microscopique des graines de vers à soie et des papillons y a pris une grande extension; 1,639 essais ont été faits en 1875, et on est arrivé au chiffre de 5,084 essais en 1876. C'est là une preuve éclatante de la faveur toujours croissante des procédés Pasteur auprès des éducateurs italiens. Enfin, 188 conférences ont été faites dans les deux dernières années dans les stations agricoles ; ce sont celles de Padoue, de Gattinari, de Turin et d'Udine qui ont donné le plus d'extension à cet excellent mode d'enseignement.

Le commerce du bétail et des produits animaux tend à prendre une extension chaque année plus grande. Pour les années 1875 et 1876, les résultats se décomposent de la manière suivante: en 1875, importations, 62,286,000 fr.; exportations, 54,583,000 fr.; — en 1876, importations, 70,212,000 fr.; exportations, 88,754,000 francs. C'est sur l'exportation des espèces bovine et porcine qu'il y a eu principalement augmentation. Pour les moutons, au contraire, il y a eu une diminution de plus de moitié; on avait vendu au dehors 150,000 têtes ovines en 1875 ; il n'en est sorti que 73,710 en 1876. Il y a eu, d'autre part, accroissement de l'exportation des beurres frais. — Le commerce des œufs a pris, en 1876, un grand développement ; 247,000 quintaux ont été exportés, tandis qu'on n'en avait vendu à l'étranger que 91,000 en 1875. La valeur de ces exportations a dépassé 24,700,000 fr., soit 14,850,000 fr. de plus qu'en 1875. De tous les produits animaux, c'est celui qui a donné le chiffre le plus élevé à la valeur des exportations en 1876.

Des encouragements nombreux sont donnés à la production des animaux domestiques, soit par les associations agricoles, soit par les concours ouverts par l'administration, soit enfin par les établissements d'élevage des races perfectionnées entretenus sur plusieurs points du territoire par le gouvernement. — D'un autre côté, les dépôts d'instruments agricoles établis, au nombre de seize, dans les différentes provinces, contribuent, dans une large mesure, à la diffusion des machines nouvelles ou perfectionnées ; l'attention se porte aujourd'hui d'une manière spéciale en Italie, comme en France d'ailleurs, sur l'emploi des faucheuses et des moissonneuses mécaniques.

Dans les pays méridionaux, l'emploi de l'eau en irrigations joue un rôle capital pour un grand nombre de cultures. Les arrosages continuent à se développer. En 1875, le gouvernement a accordé 45 concessions d'eaux publiques, pour arroser 1,943 hectares; en 1876, le nombre des concessions a été de 54, pour arroser 754 hectares, non encore soumis à l'irrigation. C'est dans le Piémont et en Lombardie qu'ont été faites les concessions les plus nombreuses et de l'étendue la plus considérable.

Nous avons dit qu'à l'imitation de ce qui se fait en France, l'Italie a adopté, en 1874, le système des concours régionaux. Depuis cette date, huit concours ont eu lieu : deux en 1874, à Foggia et à Novare ; quatre en 1875, à Ferrare, à Palerme, à Portici et à Florence ; deux en 1876, à Rome et à Reggio. Ces concours comprennent, comme chez nous, d'abord un concours d'exploitations rurales, puis des expositions d'animaux, de machines et de produits. Pour donner une idée de l'importance de ces solennités, il suffit de citer les chiffres des exposants de chaque catégorie en 1876. On comptait, au concours de Rome, 605 animaux, 314 machines et instruments, 745 lots de produits ; à celui de Reggio, 994 animaux, 399 instruments et machines, 1,658 lots de produits. A Rome, il y avait 608 exposants, et à Reggio 559. Dans ces deux concours, 413 médailles ont été distribuées. On s'occupe beaucoup des mesures à adopter pour assurer la prospérité croissante de ces solennités.

L'enseignement agricole continue à se propager. Les deux écoles supérieures d'agriculture ont compté, en 1875-1876, 103 élèves, savoir : 60 à Portici et 43 à Milan. Dans les écoles inférieures, on compte environ 300 à 350 élèves, et dans les colonies agricoles, un nombre à peu près égal. L'école forestière de Vallombrosa a 21 élèves ; l'école de viticulture et d'œnologie de Conegliano, 10 élèves (elle n'a été inaugurée qu'au mois de janvier 1877) ; l'école d'horticulture, à Naples, 25 à 30 élèves. En outre, dans un certain nombre d'écoles élémentaires, les principes de l'agriculture sont enseignés ; cet enseignement a été donné en 1876, dans 18 écoles, et 940 leçons y ont été fréquentées par 782 élèves. Le ministère de l'agriculture fait tous ses efforts pour développer l'enseignement agricole dans les écoles normales ; dix établissements de ce genre en sont aujourd'hui pourvus. On comprend de plus en plus qu'un bon enseignement, à tous les degrés, est la meilleure garantie du progrès.

## IV

### *Un concours de prime d'honneur en Italie.*

L'attribution des primes d'honneur des exploitations rurales, dans les concours régionaux récemment établis dans la péninsule italienne, donne lieu, comme chez nous, à des études et à des rapports qui permettent de constater les progrès des forces productives de chaque province.

En 1876, un concours de prime d'honneur a eu lieu dans la province de Reggio d'Emilia. Le rapport sur ce concours est dû à un agronome bien connu, M. G. Chizzolini, directeur à Milan d'un des organes les plus estimés de l'agriculture italienne. En analysant ce rapport, et en insistant particulièrement sur l'exploitation qui a obtenu la prime d'honneur, on donnera une idée de la situation agricole actuelle de cette province.

Le territoire de la province de Reggio d'Emilia s'étend du cours de l'Enza à l'ouest jusqu'à la Secchia qui en baigne presque toute la frontière orientale ; au sud, il atteint les cimes les plus élevées des Apennins, et il descend vers le nord jusqu'au thalweg de la grande vallée du Pô. Il peut donc être considéré comme divisé à peu près en deux parties, l'une formant une plaine presque au niveau du Pô, l'autre s'étageant en plateaux jusqu'aux Apennins. Il en résulte une assez grande diversité dans les conditions agricoles. Cette diversité est d'ailleurs suffisamment accusée par la valeur du sol. Tandis que les terres de la plaine, favorables aux cultures potagères, bien situées pour l'irrigation, valent, en moyenne, 2,200 à près de 2,600 fr. par hectare, les prix de vente des terres des coteaux descendent souvent au-dessous de 500 fr. par hectare, et dépassent rarement 1,200 fr.

L'assolement le plus généralement adopté est un assolement triennal ou quadriennal présentant les cultures suivantes : 1^re^ année, maïs; 2^e^, blé; 3^e^, légumineuses ou trèfle semé dans le blé; 4^e^, blé. Malgré cette succession rapide de récoltes de céréales, le rendement moyen dans les terres les plus fertiles de la province, notamment aux environs de Guastalla, peut être estimé de 15 à 20 hectolitres par hectare pour le blé, et de 40 à 48 hectolitres pour le maïs. Dans les alluvions du Pô, l'assolement précédent n'est plus suivi ; les cultures fourragères y ont pris une grande extension. Dans ces terres fraîches et profondes, les luzernes donnent cinq coupes par an, sans même qu'on ait recours aux irrigations. Mais dans les coteaux qui entourent Reggio, le sol a une valeur bien moindre, et les récoltes sont loin d'atteindre les moyennes qui viennent d'être indiquées. Le bétail y est moins abondant, quoiqu'il soit encore supérieur en nombre aux moyennes que fournit la statistique pour l'ensemble de l'Italie.

La petite culture domine dans toute la province, principalement dans la partie montagneuse. La superficie moyenne des exploitations rurales, dans cette partie, est de 12 à 15 hectares ; aux environs de Reggio, elle descend de 7 à 9 hectares. Mais, dans la plaine, les corps de ferme sont un peu plus importants ; leur étendue moyenne est de 25 à 30 hectares environ. Dans chaque ferme, le nombre des bœufs et des vaches se détermine par celui des charrues ; pour une charrue, on a généralement six bœufs ou vaches et quelques jeunes élèves ; parfois le nombre des vaches l'emporte, mais le plus souvent les atte lages se partagent par moitié entre les bœufs et les vaches. On estime généralement à une demi-tête de gros bétail par hectare, pour employer l'évaluation vulgaire, la population animale de chaque exploitation.

D'après les statistiques officielles, la province de Reggio d'Emilia compte, sur une surface de 20,000 kilomètres carrés, environ, un peu plus d'un million d'hectares en terres arables. Parmi les cultures de céréales, le maïs occupe le premier rang ; les plantes fourragères prennent de plus en plus d'extension, comme il vient d'être dit. Trait caractéristique d'une situation prospère, dans une province qui ne compte pas de grandes villes industrielles, la population spécifique atteint le chiffre de 103 habitants par kilomètre carré.

Six exploitations ont pris part, en 1876, au concours de la prime d'honneur. Presque toutes ces exploitations présentaient la même division : domaines assez considérables coupés en fermes d'une étendue plus ou moins grande. C'est ainsi que MM. Spalletti frères, qui ont obtenu la prime d'honneur, présentaient au concours les trois fermes de *Rossa*, *Arienta* et *Bergonza*, faisant partie du vaste domaine qu'ils possèdent à San-Donnino, non loin de Reggio. Ce domaine comprend à peu près 700 hectares, et il est divisé en 31 exploitations dont l'étendue varie de 4 à 60 hectares. Les trois fermes présentées au concours ont ensemble une surface de 97 hectares 70 ares. Elles sont situées en terrain silico-argileux, assez compacte.

En laissant de côté à peu près 5 hectares occupés par les bâtiments, les jardins, les chemins, les eaux, etc., les trois fermes se décomposaient ainsi en 1875: froment, 27 hectares 50; maïs, 4 hectares 30; chanvre, 11 hectares 50; luzerne, 11 hectares 50; prairies, 27 hectares 65, dont un peu plus de 16 hectares irrigués. C'est donc en tout 39 hectares, soit 40 pour 100 environ de la surface, consacrés aux cultures fourragères. D'après le système de culture adopté, il y a deux assolements distincts : l'un pour les terres à chanvre, où le blé alterne avec cette plante; l'autre pour le reste du domaine. Ce dernier est quadriennal : à la luzerne succède le froment; puis, vient une culture de maïs, à laquelle le froment succède de nouveau, pour revenir à la luzerne. C'est en 1871 que ce système de culture a été adopté. « Grâce à cette transformation, dit M. G. Chizzolini, une véritable révolution s'est produite dans ces exploitations, révolution heureuse non-seulement par l'accroissement notable qui en résultera dans les revenus des propriétaires et dans la valeur du sol, mais aussi par la grande masse de produits bruts qui sont créés et pour les bénéfices qui, par la suite, se répandront dans toutes les classes des ouvriers qui contribuent à les créer et qui en usent. L'introduction sur une large échelle de la culture du chanvre et de celle du trèfle, chacune occupant environ un quart de la surface cultivée, est un fait très-important qui mérite d'être donné en exemple à imiter pour une grande partie du territoire de cette province. Elle assurerait dans un avenir prochain un accroissement notable dans la production du lait, du fromage et du beurre, ainsi que de la viande, et dans la culture d'une plante industrielle qui est une de celles qui rémunèrent le mieux le travail agricole. » Ce changement de système de culture a été accompagné par une importation considérable d'engrais achetés au dehors, notamment de tourteaux, de matières des vidanges, d'engrais divers par leur origine et leur composition, en même temps que par un développement des soins de culture pour toutes les plantes cultivées, et notamment des labours et des façons multiples données au sol.

Le rendement moyen des trois années 1873 à 1875

a été, pour le froment, de 14 hectolitres par hectare; pour le maïs, de près de 22 hectolitres; pour l'avoine, de 21 hectolitres; pour le chanvre, de 522 kil. de tiges. Les luzernes donnent quatre coupes, et les prairies naturelles, trois coupes dont le produit total est de 120 mètres cubes de foin.

Les trois fermes renferment, comme bêtes de trait et d'élevage : 26 vaches, 14 génisses, 15 veaux, 2 taureaux, 14 moutons et 24 porcs. C'est, d'après les calculs de M. G. Chizzolini, environ 0.80 tête de bétail par hectare; dans peu d'années, on pourra notablement augmenter cette proportion. Les animaux de race bovine appartiennent à la race de Reggio, très-estimée en Italie. L'art de l'engraissement est poussé très-loin sur les fermes de MM. Spalletti : deux bœufs mis à l'engraissement en 1875 pesaient ensemble 2,199 kilog., et deux autres atteignaient ensemble le poids de 2,024 kilogrammes. Les vaches sont surtout élevées au point de vue du lait. Pendant les trois dernières années, on a engraissé sur les trois domaines 18 bœufs et 30 porcs. 14 bœufs de trait sont employés à faire tous les travaux agricoles, les labours, les transports de terre, d'engrais, etc. Les étables sont tenues avec le plus grand soin, comme d'ailleurs tous les bâtiments.

Mais c'est par le produit que l'on peut juger d'un système de culture. Sur les trois exploitations dont il vient d'être question, le produit brut a été, pendant les trois années 1873 à 1875 : la première, de 37,012 fr. 69; la deuxième, de 38,951 fr. 95; la troisième, de 38,042 fr. 61. C'est un produit brut, par hectare, de 377 fr. 60 en 1873, de 397 fr. 45 en 1874 et de 388 fr. 20 en 1875. Quant au produit net, il a été, pendant ces trois années, en moyenne de 14,371 fr. 15, avec un minimum de 13,449 fr. 35 et un maximum de 15,043 fr. 60. C'est peu, si l'on compare ces chiffres à ceux de beaucoup d'exploitations qui tiennent un rang ordinaire dans l'agriculture française, mais c'est beaucoup quand on les met en regard de ceux qui sont obtenus dans les exploitations de la même région.

Il faut d'ailleurs ajouter que la transformation du domaine est de date encore beaucoup trop récente pour avoir pu porter les fruits qu'on est en droit d'en attendre, et que beaucoup de dépenses qui peuvent être considérées comme des améliorations permanentes sont entrées en ligne de compte durant ces trois années. Il faut dire aussi que le produit net, qui est actuellement de 154 fr. par hectare en moyenne, n'atteignait pas 92 fr. avant 1872; c'est donc, pour ces trois premières années de transformation, une augmentation de 70 pour 100 environ sur la valeur du produit net. Les impôts ne sont pas comptés dans ces évaluations; mais comme ils sont demeurés à peu près les mêmes dans les deux périodes, ils n'influeraient pas sur le résultat définitif. C'est donc une opération d'une valeur agricole incontestable que le jury a mise en lumière en décernant la prime d'honneur à MM. Spalletti.

En dehors de cette prime, une médaille d'or a été attribuée à M. Allegretti, qui possède à Guastalla un domaine de 45 hectares environ, divisé en deux métairies, occupant l'une 18 hectares, l'autre 27 hectares. C'est le système de culture ordinaire du pays, c'est-à-dire le métayage. Les métayers font tous les travaux sous la direction du propriétaire; les travaux extraordinaires sont payés par celui-ci, avec la participation du colon. Les produits sont partagés par moitié. D'après les relevés des comptes, le produit brut moyen des deux métairies pendant les cinq dernières années, a été de 294 fr. par hectare. Le bétail entretenu est d'ailleurs moins nombreux que sur le domaine qui vient d'être décrit. L'assolement est le même que celui du pays, maïs et blé, avec une sole de faible étendue de fourrages artificiels, et un peu de chanvre pour subvenir aux besoins des familles des métayers. Le produit moyen du blé est de 20 hectolitres par hectare, celui de l'avoine varie de 40 à 50 hectolitres; sur les luzernes, on fait cinq coupes qui donnent ensemble à peu près 55 mètres cubes de foin. Le propriétaire a exécuté, de 1858 à 1873, divers travaux d'amélioration, notamment d'aménagement des eaux, qui ont doublé le produit brut du domaine, qui n'était autrefois que de 133 fr. par hectare; l'intérêt des déboursés faits pour ces améliorations ne dépasse pas d'ailleurs 20 fr. par hectare.

Ces faits démontrent que le progrès est en faveur auprès des agriculteurs italiens. Nous montrions plus haut que les institutions agricoles étaient puissamment encouragées par le gouvernement; les agriculteurs prouvent qu'ils veulent marcher de l'avant et qu'ils comprennent que l'argent confié au sol augmentera à la fois leur fortune et la richesse publique.

# APPENDICE

## LE MÉTAYAGE.

Le métayage a été, depuis vingt ans, l'objet d'études nombreuses publiées soit en France, soit dans les autres pays. Au point de vue de la production, comme à celui de la vie rurale, ce mode d'occupation du sol a fait et fera encore longtemps l'objet de polémiques vives et agitées. Il y a dans l'espèce d'association que le métayage entraine entre le propriétaire et l'exploitant, un caractère patriarcal qui séduit au premier abord les imaginations vives; d'un autre côté, les résultats remarquables obtenus par quelques propriétaires qui, avec des colons intelligents et bien dirigés, ont parfois réalisé des prodiges dans des pays arriérés, plaident éloquemment pour ce système. Néanmoins, presque tous les économistes qui ont étudié froidement les choses, et les ont vues telles qu'elles sont dans leur ensemble, ont condamné le colonage partiaire.

Cette réprobation ne date pas d'aujourd'hui. « L'esclavage de la glèbe, dit Montesquieu dans l'*Esprit des lois*, s'établit quelquefois après une conquête. Dans ce cas, l'esclave qui cultive doit être le colon partiaire du maître. » Le métayage, en effet, correspond à une situation sociale inférieure, et si la brutalité des faits n'est plus telle aujourd'hui, quiconque examine, sans parti pris, les conditions dans lesquelles il s'est développé, sera forcé de reconnaître au fond l'exactitude de cette appréciation du grand philosophe.

Telles sont les réflexions que nous inspirait la lecture de l'ouvrage sur le colonage partiaire que M. C. Bertagnolli vient de publier (1). Quoique ce livre soit fait au point de vue spécial de l'Italie, il présente un caractère général qui en rendra l'étude intéres-

(1) *La Colonia parziaria*, studio del Dott. C. Bertagnolli, segretario al ministero d'agricoltura. — Un volume in-18 de 250 pages. — Rome, typographie Barbera.

sante à tous ceux qui se préoccupent de cette importante question. L'Italie n'est pas si loin et les situations, surtout pour quelques-unes de nos provinces méridionales, ne sont pas si différentes, qu'il n'y ait pas beaucoup de points de comparaison.

La première partie du livre de M. Bertagnolli est historique. Il étudie l'origine du colonage partiaire, il en montre les différentes formes au moyen âge et dans les temps modernes, pour arriver à la situation actuelle. C'est une enquête, avec de nombreuses pièces à l'appui, sur les différents pays, non-seulement de l'Europe, mais aussi de l'Ancien et du Nouveau-Monde. Cette enquête est très-condensée, mais elle est des plus instructives. Elle montre comment le métayage, qui fut il y a quelques siècles le mode de culture presque exclusif en Europe, a peu à peu perdu du terrain devant le système du fermage ou celui de l'exploitation directe par le propriétaire. Et c'est dans les pays où la richesse agricole a pris le plus grand développement que cette disparition a été le plus rapide. Sans parler de l'Angleterre, en Belgique, ainsi que dans la partie septentrionale de la France, le métayage a presque complétement disparu. En 1830, Lullin de Chateauvieux estimait que

Saint-Denis, — Imprimerie J. Brochin, rue de Paris, 94.

DU MÊME AUTEUR :

*Étude sur la statistique agricole du Portugal.*

*Étude sur la statistique agricole des Pays-Bas.*

Ces deux ouvrages, couronnés par la SOCIÉTÉ CENTRALE D'AGRICULTURE DE FRANCE, sont publiés dans la collection des Mémoires de la Société, années 1874 et 1876 (Bouchard-Huzard, éditeur.)

SAINT-DENIS. — IMPRIMERIE J. BROCHIN.

www.ingramcontent.com/pod-product-compliance
Ingram Content Group UK Ltd.
Pitfield, Milton Keynes, MK11 3LW, UK
UKHW020321220726
13923UKWH00003B/1298